U0247946

印刻
印刻书院

儿童的春夏秋冬

儿童的夏

蒋　蘅◎编译

哈尔滨出版社
HARBIN PUBLISHING HOUSE

图书在版编目（CIP）数据

儿童的夏 / 蒋蘅编译. — 哈尔滨：哈尔滨出版社,
2018.10
（儿童的春夏秋冬）
ISBN 978-7-5484-4087-1

Ⅰ.①儿… Ⅱ.①蒋… Ⅲ.①自然科学—儿童读物
Ⅳ.①N49

中国版本图书馆CIP数据核字(2018)第118931号

书　　名：儿童的夏
　　　　　ERTONG DE XIA

作　　者：蒋　蘅　编译
责任编辑：张　薇　邹德萍
责任审校：李　战
装帧设计：吕　林

出版发行：哈尔滨出版社（Harbin Publishing House）
社　　址：哈尔滨市松北区世坤路738号9号楼　邮编：150028
经　　销：全国新华书店
印　　刷：北京欣睿虹彩印刷有限公司
网　　址：www.hrbcbs.com　　www.mifengniao.com
E-mail：hrbcbs@yeah.net
编辑版权热线：（0451）87900271　87900272
销售热线：（0451）87900202　87900203
邮购热线：4006900345（0451）87900256

开　　本：787mm×1092mm　1/16　印张：9.5　字数：100千字
版　　次：2018年10月第1版
印　　次：2018年10月第1次印刷
书　　号：ISBN 978-7-5484-4087-1
定　　价：36.00元

凡购本社图书发现印装错误，请与本社印制部联系调换。
服务热线：（0451）87900278

序

翻译这本书的动机，译者在她的序言里已经说得很详尽了。我来说说他的特点。

这书采用的是启发式。他要求教师用问答来引起儿童的研究兴趣，用实物来让儿童亲自观察。这样，使儿童对于周围的事物，获得正确而完整的认识，而不是隔靴搔痒的或鸡零狗碎的东西。

这种自由活泼的作风，实地观察的方法，是与专读死书，只重背诵有着天渊之别的。而后一种教育方法只能造就出书呆子（不辨菽麦）跟留声机（人云亦云）罢了。

我希望这本书将有助于教师们进行真正说得上是教育的教育。真能如此，那么译者的劳力就不是白费，地下有知，也会因为自己的工作还在人间起着作用而引以为慰的吧。

何公超

一九四七年四月廿日于上海

译 序

　　这年头儿，大家都着重于儿童教育了，是的，我们一切都还得从头做起，甚而至于从儿童时期的教育做起。这虽说出版界一般情形的推移，有其时代的必然，然而从社会的见地说来，总还是进步的现象，因为以前没有的，现在有了，也足自慰。

　　本书原名 In The Child's World，编者美国 Emillie Poulsoon。译者所以移译这书的原因：第一，因为单纯地爱好它，第二，因为国内教育名家说了许多教育理论，却并没有一部实际可采用的材料，以供观摩，本书足以弥此缺陷，所以就译出来了。（特有的欧美风俗及涉及迷信者均删去不译。）此书大部分取材于自然生活，贯通全书的精神，约而言之，为科学与爱，直始引导儿童趋向于乐天、活泼、美丽的感受，对于生命的尊崇，大自然的爱好与认识。这里不是生硬的教训，而是温情的诱掖。

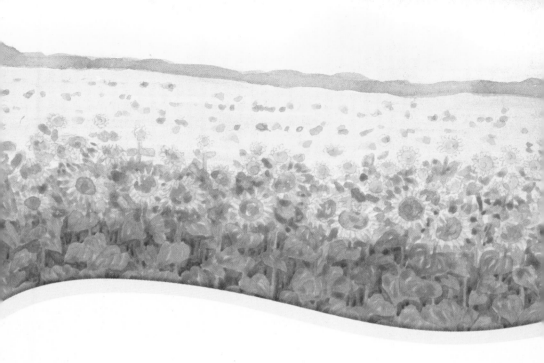

　　关于教育的原理，亦见其湛深，如是"马""鞋匠""花篮"
（见冬之卷）等篇之"给教师"，至于教育实施的方法，则可见
之于"谈话"。

　　自然，这里面有许多地方对于中国小孩子的生活习惯上，不
免微嫌隔膜，这凡是译本所难免的。然而从其结构、表现、取材
各方面说来，都足供我们以绝好的借鉴。故译者认为本书在教育
上的价值，并不因译本而抑减。

　　本书可以讲给小孩子听，也可以供小孩子读，因适应书店出
版的便利，大致随季节分成了四卷，合起来是一部。

　　译毕，写了这几句冠之于每卷之首，算是总的介绍。

　　　　　　　　　　　　　　　　　　　　　　　　蒋蘅

C 目录

蜂（一）

伊蝶和蜂 / 002

一个懒惰的孩子 / 007

蜂（二）

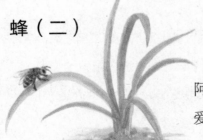

阿嗡遇险记 / 015

爱飞奶奶（一篇蚁的故事） / 022

花

小小的一束花儿 / 030

克莱谛 / 036

杨梅花的印第安传说 / 040

一份好家庭 / 044

一株小草儿 / 047

 **夏**

爱丽思的豆子 / 050

风儿的故事 / 055

阳光

风和太阳 / 064

牵牛花的种子 / 069

虹 / 073

阳光 / 075

月亮和星星

林达 / 078

织工

纺织工 / 086

约翰的裤子 / 092

羊毛

孩子的新衣 / 096

茉莉的小羊 / 100

玛利的大衣 / 105

棉絮

机器的伟大 / 108

棉田的故事 / 109

麻布

亚麻 / 118

亚麻花 / 128

丝

蚕宝宝的一生 / 132

蚕宝宝 / 139

蜂（一）

伊蝶和蜂

六月末的一个美丽早晨，一个可爱的小女孩伊蝶想到花园里去采几朵鲜花，因为她的一个小朋友病了。在这么一个充盈着香气的夏天的早晨，她的小朋友却要被关在屋子里，不能出来。因此，她想采几朵鲜花去送给他。

"我要采些最美丽的花儿送给汤姆。"伊蝶说着。提了篮子携了剪儿一直奔向花园里。她像一位可爱的小仙人或一度阳光似的赶到玫瑰花丛里。我想，她才是园子里最完美的一朵玫瑰花呢。她吱吱轧轧剪着花儿的时候，

心里是只想着汤姆，"最好我能有些什么东西，可以使得汤姆快乐。"她自己在对自己说："我是多么的希望他能够快乐啊！"她坐在一面清幽的喷水泉边默默地想。

她坐在那儿默想的时候，有两只鸟儿到这水里来沐浴，一拍一拍地掠着水面，溅起的水珠，在太阳光里闪着金黄的颜色。他们忽地钻进水里，忽地又钻上来，在泉边站上一分钟又复进水里去。一会儿，他们把羽毛上的水珠抖去，重复在空中飞翔，歌声是比以前更清脆了。伊蝶想，小鸟儿这么爱沐浴，正和她的小弟弟一样哩。

鸟儿飞上树枝了，伊蝶看见了一朵极美丽的红玫瑰花蕾，那是比她以前所看见的许多都美。"啊，你怎么这般可爱咧！"她喊着，立刻奔向那一株花，她把枝儿攀下来，正想摘那一朵花时，花心里突然飞出了一只小昆虫，在她美丽的面孔上刺了一下。这小女孩大声地哭叫起来，连忙跑到爸爸那儿去。"干吗？小宝贝！"他说，"怎的给蜜蜂刺了？"他拔出那枚蜂针，用些冷水给她在那蜂刺过的地方洗了，就在

这时候，告诉了她许多关于那奇怪的蜜蜂的有趣事情。

"不要哭了，孩子。"她爸爸说，"我将领你去看一个人，他养了许多蜜蜂。"

"好的，好的。"伊蝶说，立刻把眼泪揩了，"我现在就准备去。"

那蜂主人，极喜欢给伊蝶看他的蜂和告诉她蜜蜂的故事。他领她去看一窝蜂，那完全用玻璃盖着的，伊蝶可以很清楚地站在外面看。

"每一个蜂房里有三种蜂。"那人说，"居中那很大的一只是蜂王，蜂房里她是最主要的蜂。她有一枚针，可是难得使用的。那些忙着飞来飞去的是工蜂，早上刺你的恐怕就是工蜂吧，小宝贝。"蜂主人说。

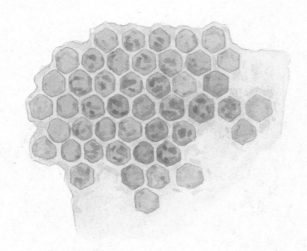

伊蝶一点儿也不喜欢那些工蜂，可是她听见说这些是小工人，怎样当心着那些幼蜂，怎样建筑蜡蜂房和酿蜜，便觉着这些工蜂们可爱了。

"冬天，蜂们做些什么事情呢？园子里已没有花可供他们采蜜了。"伊蝶问。

"他们睡觉，他们从冬天睡起，一直要睡到温暖的春天来了才起来。"那和善的蜂主人答道。

"现在，"伊蝶的爸爸说，"我们可以回去了，不然，你今天赶不及去探视汤姆咧。"

于是这小女孩儿道谢了蜂主人，答应和爸爸回去探望汤姆。

"噢，爸爸。"他们在回家的路上伊蝶说，"亏得那小蜜蜂刺了我一下，我现在有许多新闻可以告诉汤姆了。"

一个懒惰的孩子

你见过那小孩子吗？

（自然是很小的一个！）

他既不愿意做事情，

也不愿意到学堂里上课。

噢，他慢慢儿地在路上行走，

他的小书好像石块一般沉重，

他走过香香的花花田野，

也走过快乐的泉边，望着流水下泻。

他的头上飞着一只蜜蜂，

"啊，蜜蜂，"他说，"停下吧，

告诉我，你怎能飞得这样高，

请下来和我笑笑，和我玩耍。"

蜜蜂一边做着工，一边说道：

"可爱的孩子，我没空玩耍，

我要赶紧做工，

把冬天停下的，补偿一下。

"看，我带着的花蜜，

我要盖在蜂房，

紫丁香里有甜花蜜，

我花间来往，采蜜多忙！"

蜜蜂飞去了，

在早春的快乐日子，

啊，有什么触着孩子的面颊？

原来是一只飞着的燕子。

她飞在太阳光里，

唱着愉悦的调子，

报告着新的消息唱道：

"欢喜欢喜，春天来了。"

小孩子抬头一看，

"啊，燕子，我认识你，

你是带给人家快乐的鸟儿，

请你也给我一些欢喜。"

"下来和我玩一会儿吧。"
"我是愿意的，"燕子说，
"我是飞得既快且远，
可是，这时我没有空呀！"

"许多许多热望的心
在等着我的新消息，
我必须忠诚地去报告，
四方奔走，不遗余力。"

"散播完了可喜的消息，
啊，还有更快乐的呢，
我美丽的巢，可爱的家，要动工了，
我怎么能和你玩耍？"

燕子呼地飞去了，
小孩子再向前行去，
"啊，我只有一个。"他哭了，
他还很小呢，你须知道。

一只狗儿听见了脚步声。

自狗洞里爬出来了，

因为可怜那啼哭的孩子，

他一声也不吠叫。

"好狗，"孤单的孩子说，

"今天我着实难过，

蜂儿鸟儿忙得很，

他们都不肯理我。"

"我不愿意做事情，

也不愿意念书写字，

啊，亲爱的狗儿，如果我是你，

我必定一天到晚游戏。"

狗儿举首望望孩子的脸，

他的小手儿插在头发里，

"什么，孩子？你难道不知道，

狗儿也自有他的工作。

"不只白天我守着

主人的房子，田舍，

他夜眠无忧，也因为

我守着门口。

"还有，孩子，你不见

田里的马儿吗？

他驾着车儿，

从不休息一下。

羊儿出产羊毛，

你妈妈在家织布，

大家都快乐地做工，

只有懒惰的人才懊恼。

"蜂儿酿蜜香香，

燕子把快乐的消息送，

勤劳的结果是快乐，

为什么你不想念书，也不想做工。

"啊，不能，不能，孩子你必须上学，

我们狗儿，可怜不会读书，

可是你将长大成人，

成人是多么的光耀啊！"

孩子热切地听着，

听着狗儿的话，

"你将长大成人。"

这话激动了他的心。

他抱着狗颈，

吻了一下他和蔼的脸，

拾起书包，

很爽快地往前去了。

他高兴地走着，

不再想着游耍，

一直到了学堂。

放假了，你们猜得着他的成绩如何吗？

蜂（二）

阿嗡遇险记

是小蜂阿嗡和阿营学飞的时候了。

"跟我来。"一只友爱的大蜂说,"我可以领你们飞一回,我停,你们便立刻也要停。"

"好的。"阿嗡快乐得发着抖。

阿营不说什么,可是她的翼子已经在颤颤地动了。

那大蜂,笔直地自蜂房门口飞出去,阿嗡和阿营在后面跟着。她们觉着有些飞不由主的,终没有大蜂那么稳定笔直,阿嗡是撞在木板上几乎翻了下来。

大蜂飞不多远,便停在一株桃枝上。那棵桃树是傍着墙壁的,阿嗡气喘喘地追着,一个不留心,又撞在墙壁上了。阿营看见了,立刻收住翼子,可是她候不准,离大蜂还有几步路便停下了。

她们三个会合在一起了,大蜂便说道:"你们飞得很好,只要再小心些便妥了,现在我可看你们飞回去咧。"

于是再飞,这回她们可学乖了,一点儿也不歪斜地停在蜂房门口。

"现在，"大蜂说，"我要离开你们了，可是在我走之前，我要劝告你们一下。今天，你们可别飞出墙外，在这园子里，已经有很多花，和很多机会给你们去碰'经验'了。"

"谁是'经验'咧？"阿嗡和阿营一起发问。

"啊呵，经验吗？慢些你便会知道了，他教你一天比我教你一星期还要有效。再会了。"这样说完，大蜂飞去了。

"不是很快乐吗？"阿嗡对阿营说，"飞！那一定比我所想的还要有趣！"

"是哟。"阿营答，"我立刻便想去采些花蜜。"

"自然哪。"阿嗡说，"我们一飞飞到花心里。"

"我要很快地装满一窝蜂蜜。"阿营说。

"噢，真是，把吸管放到花心里，看看有些什么的时候，是多么得意啊。"阿嗡伸了伸她的吸管这样说，"我觉着，我一定能吸取许多许多的花蜜，不是吗，你说？"

"是的，是的。"阿营喊道，"我们立刻就动身吧！"

她们飞出蜂房，一直飞到花床里。

阿营整天都是在花床和蜂房当中飞来飞去，她是十分十分地快乐。可是阿嗡，虽然她也一样的喜欢采蜜，但每当她飞着的时候，她看见不远的地方有一片荷兰豆田，风送过来

一阵一阵的香气，给她一个极强的诱
惑，大蜂对她们说的话，她早已忘个
精光了。

　　园子里，她再也留不住了，她高高地飞
起在空中，越过墙头，飞到前面的世界里
去了。

　　她飞到了荷兰豆田，低低地飞在那些花儿上，很惊奇
地看见了花间还有许多别的野蜂、蜜蜂等，那儿是一片的
嘈杂声。

　　"果然是好地方。"阿嗡自己说，"可怜的阿营，希望她
也和我一般的快乐，懒惰是不成的，赶快采蜜去吧。"

　　阿嗡是很勤劳的，一会儿便采了许多蜜了。可是她向
周围看了看，原来她已经飞到差不多田的尽头了，她坐下
来，预备歇一会儿才飞回蜂房，这时候，她看见有一块小

池在角落里。她辛苦地采完蜜，累得口也渴了，她想过去啜饮点儿水。当她飞到池边，想落下去时，一阵风吹来，把她吹了个半侧身，可是还不曾来得及翻过身来，已经掉到水里去了。

可怜的阿嗡，她本来是一只勇敢的小蜜蜂，但这遭遇是太可怕了，她挣扎了一回才能在水面翻过来。水是这样冷，她觉得完全无望了，这突如其来的祸事，不由打消了她所有的勇气。她正在绝望地用她的小腿爬扑着的时候，她看见了一截草杆，离她很近地浮着，这鼓起了她的新力，她试着去攀那截小草杆。她用尽了所有的力，才能把头昂起，要游过去，真是天大的难事。可怜啊，那株草杆离她真是才一步，可是她够不着。她挣着扑着，力渐渐乏了。冷冰冰的水，冷得她身体也麻木了。一阵风掠过池面，阿嗡看见那草杆渐渐向着她移近来。很近很近，再移过一点儿便可以够着了，可是移过来的这一分钟一秒钟对于挣扎着最后一口气的阿嗡是多么长啊！

她等得及吗？结果没有被淹死吗？没有。她正在沉下去的一刹那，一只小爪触着了那草杆给她抓住了，接着第二只爪也抓住了，这可以稍微歇一歇了。啊！她是挣扎得筋疲力尽了呀！

她再用力，用力，终于挣出了水面，爬到那草杆上。

和风静静地吹过池面，把草杆轻轻地向着池边送去。阿嗡觉着很冷，翼儿紧紧地贴在身子上，看去又是多么的憔悴可怜。

树影子遮满了小池，所以是绿荫荫的，一线太阳光也没有。"唉。"她想，"如果我能在太阳光里晒一会儿，休息休息，大概是会好一些的吧。"

好了，草杆儿泊岸了，阿嗡第一样工作，便要爬上岸去，长的草儿给她压着弯下来了，她沿着草梗儿一点点地爬上去。爬上了岸，她已经乏得很，她再勉力支持着爬过黑的阴影，最后爬到一块石上，那儿光光的，太阳曝晒着，温暖暖的，她停下长长地休息了许久许久。

后来，她觉着气力恢复了，一点一点地飞回蜂房，开始飞时，她觉着可怕的软弱，她恐怕不能飞这样长的路回去

了。她真是说不出的沮丧。

"如果我能够回家的话，"她自己对自己说道，"我必定把这些都告诉阿营，凡事都要听人家的话，然后才不会闹出岔子。"

不知道是因为经过了这次事学乖了还是因为太阳比早上来得温暖的缘故，阿嗡是越飞越有劲了。她飞回豆田里，吸了些蜜，用足扑了扑身体，伸展开翼子，阳光照着，便又和先前一般的美好。她最后一飞，一直飞过了墙头，歇歇脚，便又展翼飞回蜂房去了。

爱飞奶奶
（一篇蚁的故事）

　　从前住在一所很大的棕色房子里有一位年轻美丽的太太。她名叫爱飞奶奶，因为她从不喜欢住在家里的咧。

　　这年轻的太太，浑身是黑漆漆和亮晶晶的。她有两片透明的薄翼子和六只脚。所以她跑路是跑得很快。她很小，她还不到半寸长。

　　她是住在蚁穴里的一只蚂蚁。

　　在同一所房子里，还有许多许多别的蚁，那真是数不清的许多。那一所棕色的房子是在一片美丽的绿田当中，房子上面有一棵大榆树，从早到晚，风儿都在树里穿出穿进唱歌。这样，你便可以想象得出，是怎样的一处好地方了。

　　那房子在孩子们看来也许一点儿也不大，可是给蚁住却已经很大了，他们还很骄傲呢，因为这房子完全是他们自己建造的。蚁会建造房子，不是很可异的事情吗？好的，且静静地听我道来。

　　自然啰，他们用的材料都是很小的，他们动工时先选好了一根草。听呀，选了一根草来造房子！

　　这根草是硬硬的，笔直地竖在榆树脚下的，一只做泥水匠的蚂蚁说道："让我来调些灰泥，把这条草糊了做条坚固的栋梁，我们的房子便可以像这样造起来了。"他找了些软土和黏泥，混一些儿水。再掺一些草屑木屑，用脚揉着搓着，直到成为黏韧的一团的灰泥，然后用来涂在草的外面。要涂满整根草当然不是容易的事情，可是他非常有恒心，他孜孜不倦地只是辛勤地做着。

　　别的泥水匠蚁看见他这样做了，便也都照样地去把别的草用泥涂起来。

　　圆圆的太阳，看见他们这样辛勤，对着他们笑了。"我来帮助他们。"他说。他笑得更强烈一些，把他们的那些栋梁都曝晒得又干又硬。

　　这些栋梁完工了，蚂蚁们便又动手做屋顶，前前后后、左左右右地在栋梁的外面架起来。那一位和善的太阳，笑着再把他们的屋顶晒干。

　　一天一天的，蚂蚁们工作着。他们在原有

的屋上再架栋梁再搭穹窿，直到造成一所大大的足够他们全部居住的房子。穹窿底下有许多长长的弯曲的道路，道路两边罗列着无数的小房间。他们整所的房子是用泥来覆住的，是有无数的门和窗开在上面。这样房子便算完工了。

一天早晨，爱飞奶奶很快地自一个门口飞出来。不安分的爱飞奶奶！她正在想向外面逃走咧。她要看看那个碧青的美的世界。

她没跑多远，有三四只小蚂蚁自门里窗里追出来了。

这些小蚂蚁是没有爱飞奶奶那么美丽，他们没有可爱的透明的薄翼子。他们忍耐，勤恳，整天整天地为那些飞蚁们做着工。（我们须知道，除了爱飞奶奶还有别的飞蚁们呢。）勤恳地做着有益的事，是比美貌还要有价值的吧，不是吗？

一所房子里，是住有三种蚂蚁的，一种是雄蚁，他有四只大翼子；一种是雌蚁，是有两只翼子的；还有一种，便是这些可爱的小工蚁，他们是没有翼子的。

小工蚁们追着了爱飞奶奶。他们中的一只说话了，两边的气孔急促地呼吸着："啊，亲爱的朋友，为什么大清早便跑了出来！你必须好好儿的回家去，如果我们让飞蚁跑去了，这样，我们可怜的工蚁们还能干些什么呢？"

"是的。"别的一只说，"慢些你将有许多小蚂蚁，我们已经在那所大房子里造下许多房间，如果你跑到外面来，他们将来住在什么地方呀？"

这样，好言好语的，他们把爱飞奶奶劝回家了。

可是他们的烦恼还不止此呢，别的飞蚁们也常常乘隙便要逃去的。工蚁们忙着留下她们，找许多食物来给她们吃。

一天，天气很晴明，不管他们百般的谨

慎，爱飞奶奶还是不见了。他们正四处找寻时，那位可爱的小太太却自己跑回来了。

"喂！"她高兴地大声喊道，"来，来看看我这儿的是什么东西！"

他们赶快奔跑过去，你们想，她给他们看的是些什么呢？叶儿底下藏着十二枚小蛋。

"看！"爱飞奶奶得意地说，"我的小蚁儿，将从这些蛋里面出来了。"

自从发生了这回事以后，爱飞奶奶将改名为在家奶奶了。你们相信吗？她一点也不想到外面去了。她只是喜欢在家，喜欢在家日日夜夜地守着这些小蛋子。她把美丽的翼子落了，她是用不着它们了。

"你的蛋儿是今年的第一批小蚁。"有些蚁说。

"如果你不当心，他们是不会孵化的呢！"一只有经验

的老蚁说。

那小母亲担心地看着她的蛋子。

"我们不能让他们在外面受着露水。"那同一只蚁又说，"到夜，这些小蛋可耐不了夜的凉气。"于是蚁儿们动工了，太阳将要落下时，那些小小的蛋儿都已放进了那所棕色的大房子。

第二天，他们一早便起来，再把那些蛋儿晒在太阳里。到中午，他们又把蛋儿搬在叶子底下，因为那时太阳光是太强烈了。

你们可以想得到，就这已经把他们累得够了，蛋儿一天要搬三次咧。早、午和夜。

一天早晨，爱飞奶奶醒来，觉着有些什么东西在动。她俯下头来一看，希望能看见一只小蚁，可是你们知道那些小蛋儿都变了些什么东西吗？变了十二条蚁虫——没有脚没有翼的小胖东西。起初爱飞奶奶十分的惊异，而且有点失望，但转念一想，这些确是一个母亲所有的美丽的宝宝咧！

啊，他们是吃得这样多。除了他们的妈妈，他们还需要十二只小工蚁帮忙，他们要忙着找蜜露给他们吃，还要当心着他们的冷暖。

幼虫并非永远是幼虫的。几天之后，他们结了一个小茧，躲在里面睡觉，看上去好像一枚小麦粒。

他们睡了几天，妈妈可又担心了。

"可以唤醒他们了吧？"她说。

"是时候了。"一只小工蚁说，"我们要把茧儿弄破，小蚁们自己是不会出来的。"于是蚁儿们动手了，他们既没有剪也没有刀，可是他们竟能从容不迫。他们是用牙齿的吗？不是的，他们用上下颚，这是口的一部分，用这颚，他们便在每一个茧上弄破了一个洞。

你们绝不会猜得着，茧儿里出来的是什么东西，你们以为是幼虫吗？自然不是啰！是十二只发育完备的小蚁——一些是雌蚁一些是工蚁——他们一边在揉眼睛，一边在打呵欠呢。

"好极了！"他们的妈妈快乐如狂，"这真是大秘密，从小蛋儿直到小蚂蚁，这变化是多么奇特啊！"她不由大声地喊叫起来。

花

小小的一束花儿

"啊，妈妈！"爱华跑进食堂，看见有一篮鲜明的花儿搁在台子中央，不由这样地喊道："这些花儿从什么地方来的呀？""亲爱的，那是你的呢。"妈妈说，"今早博先生喊你父亲到他的园子里送了你这样的一篮花，他说，去年冬天他的孩子在学堂里跌了跤，你照顾他，还送他回家里，他一直记着没有忘记呢！"愉悦充满了爱华的眼睛。

"我差不多已把这回事忘却了。"她说，"小威廉自滑车上掉下来，把手臂创伤了，我不过自地上把他扶起来罢了。呀，这花儿真美丽呢！这么小的事情却耗了他这许多美丽的花。有了，妈妈，方才我在路上看见了牧师，他像是很难过的样子，法兰克仍是病得很，他们说，他的病状，前途很难预测呢。他是很爱花的，妈妈，你也知道的吧！去年夏天，他和他的爸爸一起到我们家里来，那时我的红玫瑰正开满了花，我给他一朵，他真是说不出的珍爱。现在这许多花，我来分一些给他好吗？"

"好的，宝宝，这是你的花，你喜欢怎样就怎样吧！"

一会儿，牧师夫人拿了一束花走进她孩子的房间里了。"法兰克，乖乖，看爱华送给你些什么东西！"

孩子微微地张开了他的眼睛，脸上露出了一丝笑容。

"给我的吗？"他疲弱地说。

"是的，乖乖。"牧师夫人答，"送来的人说是爱华小姐送给你的。"

那男孩子快乐地拿近唇边嗅了嗅那甜蜜的香气。

"不要拿开去。"他说。

"不拿开去，乖乖，就让它放在这儿。"

于是他闭着眼睛，把脸埋在花里，许久许久不作声，妈妈还以为他睡着了。

"妈妈。"忽然间他喊了一声。

"怎么，宝宝？"

"我想起了汤姆，妈妈，他的妈妈在给人家洗东西时，他不是整天地坐在那煤烟的房子里不能移开一步吗？我分些花儿给他好吗？"

"你要怎么就怎么吧。"

在妈妈的小房间里，汤姆挨着窗边坐下，看着马路上的风景。妈妈整天的忙着洗衣服，她是疲倦和暴躁的。汤姆差不多不能看见马路上的东西，因为那窗门上是堆积了这么厚的尘土。马路上的景致也并不怎么有趣，但汤姆还是竭力地朝外看，看那些来来往往的车马人物。除了这，汤姆还有些什么可以消遣呢？可是要在那么朦胧黝黑的窗门上看出去，却是不容易的。他嘘了一口气，用那小指头在窗上擦抹，想把那厚结着的尘土擦掉些，可以把马路看得清楚点儿。有什

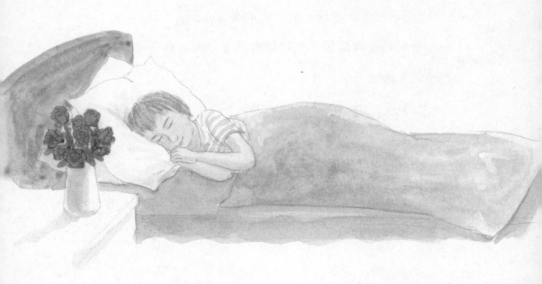

么东西却使他把那煤烟、那穿过马路的孩子们都忘却了，他瞥见了一个人手里拿着一束娇丽的花朵。

"啊！"他不禁冲口而出，"我是多么欢喜啊，居然能看见这么鲜艳的花儿。可是花儿怎么会到这龌龊的马路上来呢？"

门外剥啄地有谁敲了一下。

"汤姆，自法兰克那儿来的。"一个声音说。

"是那个牧师的孩子吗？"汤姆的妈妈问。

"是的，太太。今天他收到了一份礼物，他常常爱把好东西分给人家，不愿私自享受的。"

"啊，妈妈！"汤姆喜极而叫了。于是他静静地坐了一个多钟点，只是不绝地用手抚摸着那细小的花蕾，眼睛里充盈着说不出的快乐。这时候，他想起了一个病孩子，那是和法兰克一样的不幸生病了。

一分钟之后，他突然喊道："楼上的小勃茜，她妈妈出去做工了，她是多么的寂寞，而且我知道她一定也很疲倦了。法兰克可以把花分给我，为什么我不把花儿也分一半给她呢，妈妈？"汤姆说道，"你可以给我拿一半花儿去送给楼上的小勃茜吗？"

汤姆的妈妈是已经很乏力了，可是这一束花儿不由感动

了她的心。

几分钟之后，汤姆的妈妈站在小勃茜的床边了，小小的女孩子正苦恼得在哭咧。

"牧师的儿子，那生病的孩子法兰克送给了我的汤姆一束花儿，汤姆教我把这些拿来送给你。"

孩子狂叫了一声，急急把花儿拥在怀里，她快乐得流泪了，"我从不曾看见过这么美丽的花儿啊！"她说。

啊，小小的一束花儿，是有多少纯真的爱寄托在上面呀！

克莱谛

　　克莱谛是一个美丽的女神，她住在河边的树林里。她的头发是小溪里樱草的颜色，她的长袍是淡青的，她爱这个颜色。因为它像早春的嫩叶子和鲜草儿。有时候，她坐在那玲琮的流水边，青青的草原上，野花遮了她半个身子，那时，她也恰好像一朵娇艳的鲜花。她爱坐在那儿，让微风拂着发丝，复转面向着太阳，沐浴在那和煦的光浪里。中午了，她也从不会躲进屋子去，和紫罗兰、白百合一起，在那太阳的爱抚的温热里欢舞，她一天天地生长，一天天地美丽了。

　　很早很早，晨光熹微的时候，她便越过那清新的草原，跑到一个小山上，在那儿，她看着红霞升起，直等到山后涌起了金色的太阳。她欢迎他，欢迎他撒播给人们以光明和欢欣。

　　整天里，她在林子里散步，或在小河里濯足，她都能看见太阳渐次地、渐次地升高，和渐次地、渐次地向着西方没下。

如果云儿盖着他的脸，她便懊丧地非常不快乐，可是忽然下一场雨她便又展开了笑容，因为她知道，雨下过后一会儿太阳就出来了。有时，午后的阵雨下久了，她便捡起了她的花儿——大的水仙，慢慢地登上山顶，在那儿拣一处平平的石头坐下，向西望着，望着太阳下了，望着她身后的红霞也隐没了，花儿都合着瓣儿睡觉了，于是她便轻轻地拂过叶儿，回到她那凉爽清静的小屋子里睡觉。

　　爱慕太阳的姑娘，她这样一天一天地过着，也正和花儿似的在阳光里生长着，在太阳的温热中长着，太阳神爱普罗也俯视人间，当他的视线移向原野时，看见了一些极美丽的什么东西，她是这么的鲜艳夺目啊！因为她这么美而又这么爱太阳，于是太阳便令她永生，把她变成一朵金黄色的花，那是既像她自己的头发，又似她所爱的阳光。淡绿色的叶子，托着那朵娇艳的花朵，面向着太阳——那便是说，太阳自东向西行着，她也是始终对着太阳从东面转到西面,这便是向日葵花。

杨梅花的印第安传说

在苏必尔湖的南岸，野花中长着那最可爱的、最娇丽的杨梅花，那花是无论怎么精巧的花总没这样难栽培的，经过妇人的抚摸，便不能把她在花园里或温房里栽培出来了。以下便是印第安人关于她的起源的一篇传说。

许久许久之前，有一个老头子住在一所房子里，那房子是在树林里的冰河边，他的胡子和头发都因为年纪老，已经像雪似的白了。他穿着极厚的上等皮衣，因为全世界都在冬天——随处都是冰块和积雪。风儿在树林里狂吹着，搜索着每一棵树和每一根丫枝，驱逐那些邪恶的精灵过山越谷，而那老人呢，他在积雪之下，艰难地找着可以生火的枯柴。他丧气地回到屋子里，傍着那几块冰冷的煤块坐着，向大神哭诉他不能就这样死掉。大风吹开小屋的门，进来了一个美丽的女人。她的两颊红得像两朵红玫瑰，两只大而有光彩的眼睛，恰像夜晚的星星；头发是乌黑的，走起路来一直在后面拖着；她的手是握满了柳芽，一束野花戴在头上当作帽子，衣服是凤尾草和青草结成的，一双鞋子是两朵白百合，嘘出

气来，小屋子立刻变温暖了。

老人说道："我的女孩儿，我很高兴看见你呢，我的小屋子冷而乏味，但在暴风雨的夜里，进来躲避躲避也是好的。告诉我你是谁，怎么敢穿着这么古怪的装束进我的房子来，来，坐下，把国内的战绩告诉我，我将把我的本领也告诉你，我是大神的将领呢。"

他装满了两筒烟，这样，他们可以一边吸烟一边谈话了，烟火温热了老人的舌头，他开始说了："我是大神的将领，我一嘘气，河水便止住不流。"

女人说道："我一嘘气，花儿开遍原野。"

老人说道："我发儿一摇，雪满大地。"

女人说道："我的发儿一抖，细雨便自云间下了。"

老人说道："我脚儿一举，叶子都从树上掉下，我一呼啸，百兽便躲进洞里，百鸟便离巢而飞。"

女人说道："我才举步，花草便立刻抬头，树上立刻长满叶子。鸟儿飞回来，各种有生之物都对我唱歌，四周起着悠扬的音乐。"

他们这样交谈着，小屋子渐渐温热起来，老人的头垂在胸口上睡熟了。于是太阳回来了！一只知更鸟飞到小屋顶上叫道："干呀，咿咿干呀咿咿。"小河应声道："我自由了，来，来饮呀！"

老人睡熟后，女人把双手叠在他头上，他渐渐缩小了，水自他口里流出来，立刻化成了一块，他的衣服变成了绿叶子。女人跪下把她胸前最宝贵的白花放在那些叶子底下，向她们嘘了口气说道："我将我的美和我的气都授给你们，将来谁要采摘你们的话，他们必须屈下他们的膝盖。"

于是那个女人去了，穿过树林越过原野地去了，鸟儿们纷纷地向她唱着歌，就是那个地方，而今长满了杨梅花。

一份好家庭

我认识一份好家庭。

你没看见过这么精明。

顶上穿着五彩衣，

坐着的是华贵仙子，

还有那上层从仆！

衣服都是碧青翠绿。

打杂的和烧饭厨子，

穿着黝黑的棕色外衣，

"我们不穿好衣服。"他们说，

"一件朴素的外衣，是比那

碧青翠绿的颜色

更合于做工穿使。

"我们是很艰苦地在地下做工，

供给花后和她的侍从，

所需要的吃用，

选择，预备，

还要把食物整理，

我们必须十分留意。"

"我们，"上层的仆从道，

"我们专司传送，

看，各部分都均匀得着，

大家所得相同。

我们小心快乐做着工，

把美丽的主人侍奉。"

花后穿着五彩衣，

高高地坐在花儿里，

喷人的香气，滚金的边缘，

镶满了晶莹的珠钻，

贵妇人中，谁也不及她

这么富丽雍容。

这位可爱的小姑娘，

也和她的仆从一样

快乐，欢喜，不偷懒，

天天做工从不怠慢，

她努力地制造子儿，

待得子儿成熟，她却凋残了。

一株小草儿

一粒种子的心里
深深地深深地埋藏着，
一株可爱的小草儿
沉沉地沉沉地睡着了。
"醒来！"阳光说，
"到外面光光的世界来吧！"
"醒来！"雨点淅沥淅沥地，
轻轻呼唤着。

小小的草儿听见了，
他伸出头来一瞧，
外面的世界是，
多么的伟大神奇呀！

夏

爱丽思的豆子

爱丽思是住在城里的一个小女孩，房子是砖砌的，屋前面有一条小草坪。

暖暖的春天来了，人们都在草坪上种上一些花籽。爱丽思许久许久前便希望，最好她能有一粒花籽，那么她种下了，将来开出花来便完全是她一个人的。一天，彼得伯伯——那个磨剪刀的老头儿来了，爱丽思便把这心事告诉了他。

"哦，你想要几粒种子，是吗？"他说，"要了你把它种在哪里？""噢，就在这里，种在这阶沿的角落里。"爱丽思说，"在这里，它们可以受着太阳光，我可以天天给它们浇水，看守着它们。"

"那么这个好吗？"彼得伯伯自袋里摸了一把豆出来道，"我拿回家去种的，你若要，就给你一些吧！"

"给我吗？呀，谢谢你，彼得伯伯，我将好好儿地种，好好儿地把它们培植。"彼得伯伯看着爱丽思用一根小棒捣了个洞，埋下了种子，再用泥土覆上，然后才步行回家去。于是她只是等着它们抽芽，啊，那是多么心焦的事情呢！每天早晨，第一样事情她便是跑到阶沿上，去看看有没有一点儿绿色的小芽抽出来。有一个早晨她看见了——看见了些什么，并不是一点儿绿色的小芽，而是五粒豆子，都裂开来了，躺在地面上。"唉！"她想，"我还没有种好呢！"于是她拿一把泥土覆在豆儿上面，重重地再把它们按了下去。可

是隔不了三几天，它们又在那里了，五粒豆子，裂开两半的在地面上。爱丽思再用泥掩上，一次又一次地，它们简直钻出来了四五次。可是又隔了一会儿，它们不再出来了，除了那些棕黄色的泥土外，什么东西也没有。

一天早晨，彼得伯伯来看看她的豆儿怎样了，爱丽思便把一切的情形都告诉他，怎么它们不抽绿芽子，只是一次一次地自己跳出来，而现在，自从她最后一次掩上泥土之后，却又不出来了。"掘开来看看，看底下有些什么。"彼得伯伯说。爱丽思掘了，只见她的小豆儿都枯死了。彼得伯伯说道："看，现在怎么咧，不都死掉了吗？你种下时，它们便在地下生了根，然后自己钻出地面来。如果你不动它们，你将看见豆儿当中长出两片碧青的绿叶子，现在是可以看见那美丽的蔓枝儿了。不过现在再种还不算晚，跟我来吧。我再给你几粒豆儿，这回可不要动它们了。"

爱丽思照着他的话去做。几天之后，豆儿跳出来了，这回她可不敢再用泥土掩没了，只是静静地候着。经了太阳光

的曝晒，没多久，抽出了一对
绿叶子，隔不了多少时又
是一对，一对一对地渐渐
长得可以攀了。彼得伯伯便
来给她竖几根小棒在豆儿边，好让
它们绕着长下去。它们一天一天地长着，有一天，爱丽思看
见她的豆藤上开了几朵白花。她并不把花儿摘下，任它们自
然生长，看会长出些什么东西来。果然，花儿残了后，就在
开花的那地方长着几个豆荚，啊，那真是长得多么快哟！

　　后来，在霜大哥将要来的一天，爱丽思看见她的豆儿都
熟了。于是她便摘下来，让妈妈煮熟了做饭吃，那恰好够他
们一家子吃，爸爸妈妈还有哥哥姐姐，他们都说豆儿味美得
很呢！

风儿的故事

从前有一个小小的风儿，他整天地和花儿叶儿玩耍。一天，他自己说道："我单是玩耍，有什么用呢，还是去找那大风，要求帮他做点儿事情吧！"

于是小风便在大风每天必经的路上等着。大风来了，呼地正要吹过树林，小风天天在那里玩耍的树林时，他听见了一个很轻的声音，恰像树叶子的窸窣声，在他耳边说道："亲爱的大风呀，许我今天跟着你，帮你做点儿事情吗？"大风是行进得很快的，他一边向前去一边说道："好的，如果你喜欢便跟着来吧。"小风大喜，他跳着舞着地跟在大风后面。

一会儿，他们跑近一所很奇怪的房子。那是很高很高的，一面还有一个很大的像一架大车轮似的东西。门口有两个人在交谈着。站在外面的一个说道："磨坊老板，我的粉儿磨好了吗？我们面包都卖出去了，粉儿已经没有了。孩子们都等着要吃东西呢！"

"啊啊，对不起得很，先生。"磨坊主人说，"你不知道，这两天没有风，我们的磨儿简直动也不动，磨儿不动教我怎

么磨粉咧。"

　　正说着，小风轻轻地拂过那人的面孔，和他耳语着，说那可爱的伟大的大风立刻便来了，来给他转动那个大轮子了。

　　磨坊主人突然觉着脸上有一阵小风吹过，不禁笑道："好了，好了，风儿来了，我们可以立刻开工咧。"

　　说话间，大轮子已经在转动了。小风知道各物都将就绪，

他再前进，和先前一般，快乐地做着大风的报信使者。

　　他们走到的第二个地方是海边的一个小村落。挨近水边站着一个女人，她手里抱着一个婴儿，还有一个男孩和一个小女孩站在她旁边，他们向大海望着，大海是水光如镜的，非常美丽，可是那女人像是很难过的样子，孩子们都在哭着。你知道他们在望什么吗？望他们的爸爸呢！爸爸是一个打渔人，他的船驶出去已经一星期了，他并没有带够一星期这么久的粮食，他的船又是帆船，没有风就是想要回来也不能回来的，这样子妈妈怎么能不忧愁呢？

　　小风看出了他们的忧愁，便轻轻地吻了吻孩子们的面孔，揩干了他们闪耀着的眼泪，给婴儿披在额上的金色短发掠起了，吹凉了妈妈的热痛着的头，他低低地告诉她，大风立刻便要来了。

　　小小的男孩子叫道："啊，妈妈，海面上起波纹了呢！"小风知道大风已在把爸爸的船吹送回来，送回站在岸边的他亲爱的家人那里了，他看着那帆船远远地驶过来，妈妈笑了，孩子们拍着双手高声地喊爸爸，帆船行得极快，一会儿便已很清楚地在水面出现。

　　大风和小风又走到一个大城市里。城里的景物是多么美

丽啊！大风说道："你就在这儿做些什么事情吧，在城里，还是你比较有用些。"小风还来不及问原因，大风已不知去向了。

房子都是很高大很精致，有些是石砌的，有些是用大理石，有些用砖瓦，四围都有公园和花园。小风看见有许多孩子在游戏，他便停下来和他们一起玩耍，他把他们的风筝曳着，旗儿摇着，还吹着小姑娘的帽子，引得她们满园子跑。他再帮助太阳把场上吊着的湿衣服吹干。又一会儿，他走到城的另一角，那儿是人烟稠密，空气十分恶浊。他看见有许多人在商店里和工厂里做工，他们是闷热和不舒适的。于是他从窗口、从门口进去，吹拂着他们，使他们忘记了疲倦，只是想着能够为他亲爱的家人做工是快乐的这一回事。

小风再前进，他又走到城的另一角，那儿房屋栉比着，密得几乎连风也透不进，既没有场野，窗上也没有帘子可以给小风玩耍，孩子们也不像公园里的那些孩子们似的快乐。他们坐在路边的阶沿上——他们唯一的地方——没有风筝，没有旗，小小的女孩子们也没有帽子！

"让我瞧瞧看，这些孩子们住的房子，到底是怎样的。"小风想。于是他从一面开着的窗门进入房子里，你们想想看，

　　他看见了些什么？一张床上，睡着一个可爱的小女孩，她的面孔涨得很红，在床上翻来覆去地呻吟着："啊，我热，妈妈，我热。"可是妈妈没有理她，妈妈很忙，她每天给人家洗着衣服，赚几个钱来养活她们母女俩，她哪里腾得出手来爱抚她的小女儿呢？小风便轻轻地扇着她的小脸，凉着她火热的额角，直到孩子安静地睡熟了，在睡梦里泛着可爱的微笑。

　　"她梦着仙境了。"小风说，他在小女孩的脸上亲了一个再会的吻。一天完了，可是，小风以后无论走到哪里，他都不倦地做着帮助人的快乐工作。

阳光

风和太阳

一天，暴风在一片广原上，上上下下地吼叫着，自喜着自己的大力。"啊，无疑的我是强者！"他喊道，"我一呼吸，草儿在我面前折腰；我一举手，芦苇灌木不是歪倒便是折断。粗的树枝我也能折，只要轻轻地握着一摇。啊，哈，我是强者，谁比我更强呢？"

当他停着，他的粗暴吼声消逝了时，一个文静柔和的声音说道："我也是强者，也许比你更强，这又有谁知道？"

"说话的是哪个？"风大叫。

"我，太阳。"仍是那个柔和的声音说道。

"你强？"风说，"你！你凭一些微笑与柔和的举止，你能不能转动那巨大的风车？能不能在海中翻起滔天的巨浪？能不能折断那林中之王的老橡树？"

"我是强者。"太阳再说，"我能够做许多事情，都是你

所不能做的。我们比较比较，看谁的力量大好吗？前面一个旅客来了，他是穿着一件厚外套。我们谁能够把他那件外套脱下来，谁便是强者吧。"

大风忍不住笑了，这么容易的一回事，他想，只要一吹不就把他的外套吹掉了吗？

"你先来。"太阳说。

大风去了，在那片广原的中间，他碰到了那个旅客，于是他便开始牵曳他的外套，才吹拍了一下，旅客立刻把那外套裹紧了一些，大风再曳，暴声地喊叫着。旅客反执起了衣缘，双手紧紧地拉着不放。一次再次的大风咆哮着，牵着，扯着，但那人只是一次又一次地裹得更紧一些。"谁想得到，今天竟会有这么大风？"那人一边在大风里挣扎一边这么说。

大风仍继续了好些时候，可是一点儿效果也没有，太阳要求着该轮及他了，他便乘势让给了太阳。

"我看你能弄出些什么东西。"大风说，"我这么哮叫与猛力地牵扯，还不过只弄得他把外套裹紧一些。"

"我并不主张像你这个样子。"太阳回答，"震怒和凶暴可不是我要用的计策呢。"于是太阳向着那旅客微微地笑着。一点儿声音也没有地，轻轻地，静静地太阳只是照着。那

个旅客刚才用尽了气力裹住他的外套，现在看见风已静止下来，走路也轻松得多了，便放掉了紧执着衣缘的双手。太阳仍是照着，轻轻地，静静地。那人开始觉着他的外套太厚了，于是他解开了身上的纽子，让它敞开着。太阳还是一声不响地轻轻地静静地照着。

最后，那行人说道："多么奇怪！方才我恨不能把那外套儿再裹紧一些，现在却要把它脱下了。"这样说着，他把那笨重的外套脱了，坐在一棵树荫下乘凉，他是热了呢！

大风看见了，承认那无声的太阳果然比他强，因为太阳静静地，既不发怒也不用武，居然把那人的外套脱了，而这个他是做不到的。

牵牛花的种子

　　五月里的一天，一个小女孩在地上的一个小洞里种了一粒牵牛花的种子，说道："现在，小种子呀，快些儿长大吧，长，长，一直长成一株高高的蔓儿，盖满了美丽的绿叶子和可爱的喇叭花吧。"可是那泥土干得很，因为许久没有下雨了，那可怜的小种子是一点儿也不生长。

　　所以，忍耐地在那个小洞里睡了九长日和九长夜之后，他对周围的泥土说道："啊，泥土，请给我点儿水吧，润湿润湿我那坚硬的棕色外套，让它裂开，好将我那两片小叶子长出来，然后，慢些我才可以长成一株高高的蔓儿呀！"可是泥土说道："这个你要问雨点才是。"

于是小小的种子向雨点喊道："啊，雨点，请下来吧，下来到我四周的泥土里来吧！这样他们可以给我点儿水，我的棕色外套便将软些，更软些。最后便会裂开放出我的两片小绿叶子，我便可以渐渐地长成一株蔓儿了。"可是雨点说道："这个你去问那低低的云儿吧，我可做不到。"

于是种子对云说道："啊，云，请浮得低低的，让雨点儿下来吧，润湿了我四周的泥土，我便也可以得着点儿水，这样我的外套儿会裂开，我的绿叶子可以长出来，我便可以渐渐长成一株蔓儿了。"可是云答道：

"这个，首先要太阳隐藏起来才行呀！"

于是种子向太阳喊道："啊，太阳，请躲过一会儿吧，让那云儿垂得低低的，雨点儿下来润湿我四周的泥土吧！这样泥土便会给我点儿水，我的硬外套便会软了，最后便会裂开放出我的两片绿叶子来，而我便可以渐渐地长成一株高高的蔓儿了。""好的。"太阳说。一转瞬间，他便已跑得不知去向。

云儿低低地垂着，雨点一阵急似一阵地下着。泥土儿湿了，种子儿的外套软了，爆裂开来了，出来了两片碧青的绿叶子。我们的牵牛花种子是在生长了。

虹

一个孩子翘首望着天空，
天空才下过了一阵凉爽的云头雨，
东方还笼着迷漫的雨雾，
突然涌起了一道彩色的长虹。

"爸爸，爸爸，那是什么东西？"她问，
圆睁着蔚蓝色的眼睛，她呆望着天际，
望着那奇异的架在天空的横圆，
鲜艳的显着颜色七种。

"那个？那是长虹，我的孩子。"
爸爸微笑着俯下身体，
"怎么会有的呢，爸爸？"
"那是太阳，
映在雨点儿上。"

这是一个美丽的谜，

她不再发问了，

她想着，好像园里的花，

堆成的一圈花架。

玫瑰，紫罗兰，金盏花，

绿的叶子，红的春华，

还有黄的向日葵，青的飞燕草，

彩色的带儿，你道多么美好。

小小的女孩子，她又想，

那恰像一顶贵重的花冠模样，

可是怎能涌现得这么快呢，

一转瞬间，便已七色灿烂。

她望着望着不忍离开，

"呀，看，看！"她是无穷的欢喜，

她望着那异彩的光，

直到夜神把黑暗之幕放下。

阳光

"今天，我将送些什么给世界呢？"
圆大的、金色的太阳说。
"啊，让我们下去工作和玩耍吧。"
所有的阳光，异口同声地说。

于是，这快乐的、活泼的一群，
落到地上来了光光的一阵，
他们把天上的浮云渲染了，
把天空扫除得明亮清新。

"闪着吧，小星星，如果你们喜欢的话。"他们说，
"我们将织成一张金色的网，
遮没了你们所有的光芒。
虽然月儿还是依稀可望。"

阳光一直一直透进玻璃窗，
照到孩子们的床上，

刺着他们闭着的小眼睛，

把他们的粉额镀上了金。

"起来，起来，小宝贝呀。"他们喊，

"快些从梦乡里回来吧，

我们带来了一个礼物，待你起来看，

看我们带来了这么一个明朗的早晨。"

月亮和星星

林达

　　林达是一个极喜欢仰望天空的孩子。她住在近海的一个小村庄里，因为她爸爸是一个打渔人。林达常爱跑到海滩边玩耍，在沙里掘洞儿，堆沙塔儿，或者拾取海潮冲上来的美丽的贝壳等。可是有些时候，她却丢开这些玩意儿，静静地坐在一块石上，遥望着蔚蓝色的大海和蔚蓝色的天空——海里出没着白的帆樯，天上飘荡着白的浮云。

　　她望着白云，口里唱着小歌道：

"白白的羊儿，白白的羊儿，

在青的山上，

风儿停了，

你便站着不动，

风儿吹了，

你又慢慢前进，

白白的羊儿，白白的羊儿呀！

你到什么地方去呢？"

她常常觉着那云块恰像一群雪白的绵羊，在一片广大的青色原野上慢慢行走。

夜了，林达也一样的爱望着天空。当那圆圆的满月涌现了出来，地下铺满了银光的时候，她想，还有什么东西比这个更美丽的呢？当那新月上了，弯弯的蛾眉样，怕羞的可爱的在群星里闪耀着的时候，她又这么地想着，她总觉着没有东西会比月儿再美丽的了，于是她快乐地唱道：

"啊，妈妈，今晚的月儿多么美好，

以前她从不曾有过这么高傲，

两只小角儿又尖又亮，

多了一角就不成样。"

她这么唱着时，仿佛自己是睡在那光亮的摇篮里，一摇一晃地荡着。

乌黑的天空镶满了钻石似的星星，林达爱看那水勺似的北斗星。爸爸曾告诉过她，在大海中迷了方向的水手们，常常因了北斗星才能安然地把船驶回家去，所以她很爱北斗星，不只是因为它们美丽。

林达还是一个小女孩的时候，她爸爸要到海里去航行，她妈妈便领了林达一起住到城里。那嘈杂的道路，栉比的房

子，每一样东西对于林达都是新奇异样的，只是闪光的激荡着的海没有了，沙石块儿也没有了。到夜里，她站在窗口边仰视天空，不觉欢喜地叫道："啊，妈妈，什么地方的天都是一样的呢！那是月亮，那是北斗星，正和我常常看见的一个样子。"妈妈笑了，把她抱到床上，告诉她那美丽的天空是覆盖着全世界的。"就是那个月亮那些星星吗？"林达问。"是的，月亮只有一个，她照着我们全世界的人类。"妈妈说，"可是爸爸的船驶到遥远的南方时，他将看见一些星星，是我们这儿所看不到的。他看见一座十字星座，那些星星恰好排列成一个十字形，和我们这儿看见的北斗星恰恰排列成一个斗形一样。"

第二天，林达还不曾把周围的新事物看清楚时，暴风雨来了。白天里是给乌云遮盖得天日无光，晚上是半点星光也没有。林达失望地从窗边回过来时，她听见外面有些窸窣声，跟着一道极强的光射进房间里，她再朝外一看，看见有个人正对着她的房子站在屋子外面，竖在屋旁的一盏灯已经给他点着了。一分钟间他扛了他的小梯，又沿着街边走下去。林达望着他的背影不觉感到有趣得很，她在那黑暗中看不到多远，可是一会儿，另一道光又冲出了黑暗，在对面的街道上闪耀着。林达跑到邻室的窗口去看，那儿可以看得更远些——啊呵，那面又有，那面又有！

"啊，妈妈多么好看呀，你知道街上有许多灯光吗？亮得很，我可以不点灯睡觉了。这些灯是不是每天晚上都有的，妈妈？""在这城里并不是每夜燃灯的。"妈妈说，"除了风雨之夜和没有月亮，就是我们看不见月亮的晚上，才燃着那些街道上的灯。"

第二天的晚上，风雨还不曾歇，林达早早便跑到楼上等着看点灯。

一会儿，一朵火沿着街道下来了，渐来渐近，她听到了梯子挨着墙壁的窸窣声，突

然间那点灯夫显现出来了！林达欢喜得拍着双手笑出了声，
那点灯夫也抬起头来向她笑了笑。

从此他们便相熟了。林达喊他做点灯人，每逢黑暗的晚
上便伏在窗口上等待他。她问了他许多关于城里的灯的话，
从他所告诉她的它们的数目，和她自己所看到的街街巷巷上
的无数的路灯，她觉着要把全城的灯点亮，真是一项伟大的
工作。她虽然看不见月亮和星星，可是她从不忘记他们，她
从那些路灯光中望着那乌黑的天际，描想着那些自然之光的
美丽和伟大——那成千上万的闪耀着的星星，那神秘的散着
银光的月亮，他们是不只照耀全城，他们是照遍海洋和所有
的大陆的呀！

织工

纺织工

"安妮。"一个女人对一个小女孩说，她是来探望她的，"要随我到那织工的地方去吗？"

"哦，去的。"安妮说，"我最喜欢了，我从不曾看见过织布呢。"

于是她们一起出去，她们走着的时候，那女人讲《约翰的裤子》的故事给安妮听，说着便到了詹太太的家里。安妮知道了羊毛从什么地方来的，也知道织成布匹之前，是先要怎么预备的，现在，织咧、纺咧都用机器了，可是安妮要去探望的那个织工，她还是像约翰的妈妈和姐姐给约翰织裤子一般的织法。

这故事讲了许多时候，直讲到走到了詹太太家里才讲完。

"早安，詹太太。"那女

人说，"我领了一个小朋友来看你做活，不妨碍你吧？"

"噢，什么话？"詹太太说，"我很喜欢指点给她看。小孩子，你有看见过人家织布吗？"

"在幼儿园里看过。"安妮说，"我们在那儿用纸条、软皮、布条、麦杆等织小席子。可是我不曾看见过人家织布或织毛毡。"

　　"我可不曾看见过幼儿园里的孩子织东西呢。"詹太太说，"来，我给你看我的织机。这是经线，在架子上绷好，排在上面的大架子上，然后才抽紧在这织机上。我们常常要多量三四码的纱线，因为织的时候是要缩掉的咧。"

　　"为什么那儿的线是分两组的呢？"安妮说。

　　"因为要相互交织的缘故。"詹太太说。

　　"那绕满线的是梭子吧？"安妮又问。

　　"是的，看，我把右脚踏在这块踏板上。"詹太太说。

　　"啊啊。"安妮叫道，"一半的线儿举起来了，正和我

们织席一般，不过我们是一根根地弄下来的。是不是你还要把左脚踏下去？"

"还未呢，如果就这样，我的布儿便太松懈了，看我把这面前的棒儿向前推，它便会把线条逼紧。"

"我们也要把条子逼紧的，可是我们用指头推，不是用棒推。"安妮说。

"织纸条可以这样，织布织毛毡可不能用指头推呀。"

"你推这棒儿要用许多力气呢，以后再怎么样？"

"我再踏下我的左脚。"詹太太说，"方才我穿右手的梭子，现在是穿左手的梭子，那么刚才在下面的线便会翻到上面来了。"

"你再推动前面的一根棒，不是吗？"安妮问。

"对了。现在你且看我十分钟内能织多少，方才我不过让你看个明白，所以才慢慢儿地织的。"

詹太太很快地把梭子如飞地穿来穿去，安妮凝神地看着，手脚也跟着詹太太一踏一送地，只是没有她这么熟练轻快。

看了一会儿，安妮和她的朋友向詹太太道了谢，说了声再会，回家去。

约翰的裤子

大约一百年前，美国和英国开战，战争已经开始了，一天早晨，一个美国孩子——约翰，对他的妈妈说军队要出发了，明天一早他必定也要跟着一起去。

"那么我们可怎么办呢？"那个热心的妈妈说道，"约翰必须要有一条裤子，可是家里一小片布儿也没有。"

"一根纱线也没有呢。"大宝说，"这些我要织布给查理做上衣的。"

"看怎么弄吧。"妈妈说，"就是纺起来，织起来，也要做一条裤子给他的呀！"

"查理可以和我一起去剪羊毛。"玛利——最小的一个女儿说。

"我怕你捉不住那些羊呢。"妈妈说，"羊是在牧场里。"

"我们带些盐去。"玛利说，"我们可以用盐饲喂它们。"

他们走到了牧场里，玛利指着一只黑羊，让查理拿些盐放在它前面。查理照她的话做了，那黑羊果然便立刻跑过来。羊在舔盐时，查理用两只手臂环着它的颈项，把它提牢，玛利便在后面用剪刀剪毛。再捉住一只白羊也照这个样子剪了，篮子里装了一只白羊和一只黑羊的毛，便让跟在后面的小奇拿回家去，这样妈妈和大宝便可以立刻梳理。玛利和查理再继续剪下去，一只黑的、一只白的这样间着剪，直到剪了许多许多。

　　羊毛剪下来后，本来还要洗晒过的，可是现在没有这么多的时间了。那梳毛用的东西是一块方木块，装有一个柄和一些斜的铁齿，羊毛给这齿梳过后，便柔顺地一条条理得很直，可以动手纺成线了。

　　查理和玛利剪完羊毛从牧场里跑回来，他们说，他们会梳理，于是妈妈和大宝便纺那些不曾理过的毛。他们自己只有两把梳毛机，后来向隔壁借了一架纺轮。

　　线纺得差不多了，便预备好了织机，开始将那些线来织布。他们交替着织，把布织完了，再相帮着缝纫，一夜工夫把裤子做成了。第二天一早，便已经放进了约翰的包裹里。

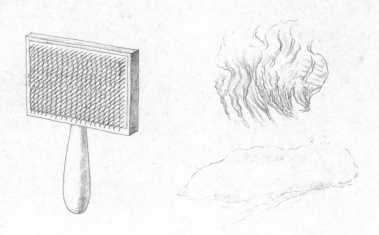

羊毛

孩子的新衣

从前，有个穷女人，她有七个孩子，孩子们都要吃的，所以那个可怜的妈妈便不得不到外面做工去。到冬天的晚上，她才能抽点儿工夫出来，纺咧、织咧地给孩子们做衣服，让他们不至赤着膊受冷。每个孩子都只有一件衣服，大的长高了便替下来给小的，所以挨到最小的一个时，那件衣服已经洗晒得很薄很薄了。

最小的孩子，是一个活泼的小家伙，才四岁。他对于花草动物是有一种癖爱的。他看见一只羊便立刻要折些香叶儿饲它，看见一只小鸟儿自巢上跌下来，便立刻抱回家去，给它水饮，给它米吃，到会飞了才放掉它。他也很爱蜘蛛，在家里找到了一只蜘蛛，他必定拿到门外去，说道："小小的东西也是爱生活的。"有一回他身上的一件衣服实在破旧得太厉害了，正当夏天，他妈妈又忙着要去做工，没工夫给他重做一件，于是他便赤裸着一丝不挂地跑来跑去。

一天，他到树林里去采果实，一只羊很柔和地问他道："你的衣服到什么地方去了？"那小孩子很没趣地答道："我没有衣服，妈妈要到冬天才能做新的给我，不，新的是哥哥姐姐穿的，挨着我的总是旧衣服，啊，如果我有一件新的那多么好呢。"于是羊儿说道："我很可怜你，待我送些毛给你，让你做一件新衣吧。"说着羊儿把全身的毛脱了送给孩子。

他拿了羊毛跑过荆棘丛，荆棘问道："你带了什么东西咧？""羊毛。"小孩子说，"要来做衣服的。""拿来给我吧。"荆棘说，"让我给你梳理。"孩子把羊毛给了荆棘，荆棘用它的刺梳理得十分柔顺十分光洁。"当心点儿拿。"
荆棘说，"不要搅乱了。"

于是他小心地拿着再向前行，前面一只蜘蛛坐在网的中

央喊他道："把羊毛给我，小宝
宝，我给你纺纱和织布。"小
蜘蛛开始很忙地用他的小脚
纺纱和织布，直到织成一幅
细致的布递给了孩子。他快
乐地拿了那幅布再向前去，行
行行，行到一条小河边，那儿
坐着一只大蟹，蟹向他喊道："跑
得这样急干什么？带着的又是什么把戏？""布。"孩子说，
"做新衣服的咧！""那么很好。"蟹说，"拿来吧。"他
取了那幅布，用他的两柄大剪给他剪裁了一件十分有样的衣
服。"来吧，小孩子。"他说，"这儿只差一点儿缝纫了。"

孩子拿了，烦闷地向前走去，他想，除了冬天，妈妈哪
儿有闲空呢，他的新衣必定要等到冬天才能完工。可是不一
会儿，他看见一只小鸟坐在树枝儿上向他说道："等一等，
孩子，来，我给你缝衣服。"于是小鸟儿拿了一根长线一前

一后地用他的嘴缝起来，不久便缝好了。"现在，"小鸟说，"你可如愿的有一件精美的衣服了。"

　　小孩子把衣服穿了，奔回家给他的哥哥姐姐看，他们都说这么一件精美的衣服，他们从不曾看见过呢。

茉莉的小羊

许久许久之前，祖母还是一个小孩子，人家都喊她做小茉莉的时候，一天，她走过牧场，看见一只小羊躺在树底下咩咩地在叫。

"呀，你这可怜的小东西，"她喊道，"你的妈妈呢？"于是她把它抱在手肘里，四面望望，看那只母羊为什么丢它一个躺在那里。可是群羊都在吃草，并没有哪一只像是有丢失小羊的情形。于是我们的祖母不知怎么干好了，就用她的小围裙把小羊包着，慢慢地走回屋子里。路上她碰着她的哥哥奈德，便把这回事告诉了他。

"可怜的小羊。"他说，"带回家去吧，小茉莉，给它些温牛奶吃，也许会再活过来，看，差不多要死了，不过妈妈是会处置的。"于是我们的祖母便急急地跑回家去。

"妈妈，看，妈妈。"她一直冲进厨房里喊道，妈妈那时正在做活。"看，不知哪一只坏母羊自己跑掉，把小羊丢下了，它是饿得不会走路了呢！"

曾祖母听见了，便放下了她做着的活计，拿一只旧篮子

用法兰绒垫了，给小羊做了一张温暖的眠床。祖母把它轻轻
地放下了，热了一点儿牛奶给它吃，小羊儿快乐地从她的手
上吃着，吃完了牛奶，力气可恢复了许多，已经能够站起来，
它咩咩地叫了声，一直走向祖母的怀里。

　　"你这可爱的小东西！"她说道，"你现在已经没有真

的妈妈了，让我来做你的妈妈吧。我将爱你和当心着你，你且看吧！"

她问爸爸要了那只小羊，爸爸也答应了，把小羊给了她，到它长成一只大羊的时候，她将获得那小羊所有的羊毛，用来做衣服和袜子。可是祖母并不希望这一点。她只知道它现在是一个可爱的毛茸茸的小玩偶，是她所有的，她很爱它，很温柔地待它，立刻它也懂得爱她了。她一呼唤，便跑到近前，跟着她在农场里跑来跑去。她十分地当心着，小羊儿长得很快，那些毛儿是又柔软又细致，引得许多鸟儿都来要一小撮回去垫窝儿。

春天里的一个温暖的日子，祖母的父亲对她说道："今天羊儿都要剪毛了，茉莉，你的小羊也要剪了吧，它也该脱掉它的冬衣了。"

茉莉不很愿她的小宝贝失掉那雪样似的毛，可是她知道夏天要来了，小羊还是把毛儿剪掉来得舒服些，并且那些人是很小心，决不会伤害她的小羊的。

早饭后祖母便喊了她的小羊一同出牧场，到一条小河边去，在那儿，她看见所有的羊群都围在河边的一个圈子里，那些人正在一只一只地给它们洗毛——因为它们已都变了灰色和蜷曲着了——洗完，他们便执起一柄大剪刀把它们的毛都剪下。

祖母的羊只随便地洗了洗，因为它的毛很洁净；毛剪下来了，祖母用她的小围裙包着给她的小羊看，告诉它那就是它冬天里穿的衣服。一天，祖母的妈妈把这些羊毛拿到她的纺纱间去，很当心地梳理着。祖母看着她搓成一长条插到那个很大的纺轮上，手执着一根，挨着那纺锤，便转起那个大轮子来。轮子转着转着，羊毛便纺成一条细致的毛线，一边绕在那纺锤上，妈妈再用卷线车把那些毛线绕成绞这样，再绕成一团团便可以用来结袜子了。多么美丽和柔软啊！当祖母坐着结绒线时，她想着是那可爱的小羊儿供给了她这么好的白绒线。

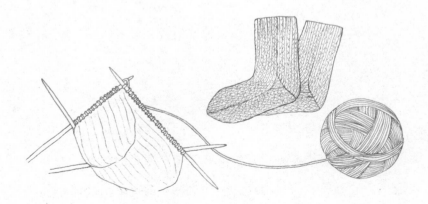

玛利的大衣

玛利有一只小羔羊，
快要长成大羊模样，
软软的暖暖的毛儿，
长得又厚又强，

玛利的羊儿跟了别的羊一起
走到小河那里，
一会儿便骄傲地展示，
它的毛儿是这么洁白美丽。

剪毛的人来了，带着他们的大剪刀，

来剪那长厚的羊毛，

最后的一只也剪完了，

装毛的袋儿也满了，

玛利羊儿的毛，

拿了去纺纱和织毛绒，

织成一件暖暖的大衣，

好给玛利穿了过冬。

棉絮

机器的伟大

几年前，在某处地方开了一个棉织的公开表演会，在那儿，轧花机、纺机、织机都在一所很大的房子里陈列着。附近的一片田里种着许多棉花。

在某一天的清早，棉花采摘下来了，从田里送进了那所大房子，在那儿便纺成纱织成布，裁剪成衣服，傍晚时分，已经送给了几位绅士，穿在身上了。

棉田的故事

在一个晴明的中午，太阳光强烈地照射在一片棉田上，那时候，田里做工的人们都回家去吃饭了，田里只剩下棉花他们自己。这时候，他们便开始闲谈了，在没有人的时候，不是正好闲谈吗？对了。

"昨天我就这么说。"一株棉花说话了，"如果知道我们的棉花摘下来送到什么地方去，那是多么好。"

"不是送去轧籽吗？"站近田边的一株说。

"那我知道，我的意思是想知道以后的，它真踏进了世界以后的话，我曾听见过什么漂咧，纺咧，织咧等，棉花的许多奇奇怪怪的变化，可是我还想知道得更多些。"

"喌啾，喌啾。"一个圆润婉转的声音近前来了，"我能够告诉你。"

"谁咧？"棉花互相低语着。

"喌啾，喌啾。"仍是那声音说，"我是一只小小的鸟，我的翼儿受伤了，否则我将飞到那快乐的北方去。去年我也是在那儿的呢！"

"是的，是的。"棉花说。他们长居留在一处地方的生活，他们是很满足的，可是他们想，那会动的东西也是很神奇的吧！

"对了。"小鸟看见有人要听他的话，便高兴起来。

"我住在那儿，住在那儿呀，和了我的爱，

我们的日子是快乐和恩爱，

心儿快乐，翼儿敏捷，

有什么事儿呢，除了歌声相接？

唱，唱，唱得心旷神怡，

再转一曲悠扬的调子。

我爱人和我，在那高高的树梢，

筑了一个美丽的巢，

呀，美丽的巢，我温暖的家，

在那儿，我爱人把小宝贝儿生下。"

"这歌儿很好。"棉花说，"可是，你不是说过，能够告诉我们一些关于棉花的事情吗？"

"啁啾，啁啾，这自然能够，自然能够！"鸟说，"我的伴儿和我一起筑巢的时候我们是要找寻一些筑巢的材料的。一天，我们飞近一所房子的窗口边，里面的人我们是常常唱歌给他们听的。我们看见耐丽和她的妈妈正在缝衣服，一会儿，我听见小耐丽的妈妈说，说鸟儿是喜欢把纱线衔去筑巢的，于是耐丽便把一团纱线掷出窗外来。啊，那是这么精细和坚韧！现在，听着，最精彩的一段来了——这些精细和坚韧的纱线是用棉花做的。我敢担保这话是最真确的，我亲耳听见耐丽的妈妈把这故事告诉了耐丽。所以她们在缝的、给鸟儿做巢的就是你们的花絮的一部分。"

棉花热切地听着鸟儿讲。"呀，这故事真和你的歌儿一般的动听！"他们说，"什么时候，再来和我们谈谈也好。"

"好的，好的。"鸟儿说，"老实告诉你们吧，我们有时也很寂寞呢，我的朋友们远在北方，来探望你们倒好解解寂寞。"

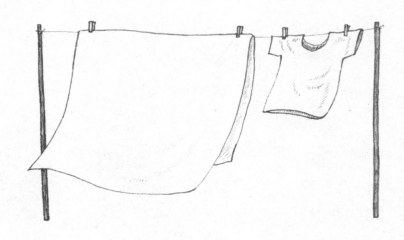

鸟儿在说故事的时候，有几缕阳光正在田里游戏，他们也挨过来听了，这时他们便说道："我们也知道些关于棉花的故事，我们常常听见那些女人们说，阳光最能够漂白棉布，我们常常都在给他们漂白的。还不止于此呢，我们不只给她们漂白一码一码的布，得了风的助力，我们还给她们晒干了不计其数的棉布，她们洗净了挂在绳子上时都是很湿很湿的。"

"是呀。"和风在棉叶当中呼啸着。"阳光常常和我一起做晒干衣服的工作的，而那些衣服大都是用棉布缝就，什么衣衫咧、围裙咧、手巾咧等都是，袜子也是用棉线织的。真的，棉花你们是多么有用啊！如果人们没有你们做的布，真不知要怎么才好呢？"

"这真是有趣的故事。"棉花相互地点着头，他们笑着应酬着在他们当中跳舞的阳光，舒展开叶子和风玩耍。"我们以后将更快乐地生长了，谢谢你们，亲爱的朋友，以后还望常常把这些故事说给我们听听。"

在他们谈天之后，做工的人也吃完饭，回到田里来了，并且也来了一个绅士和他的两个孩子。自然棉花他们是不再说话了，可是却听到了些极有兴味的事情，那是和鸟儿开首，阳光与和风继续讲着的一样的故事，不过更来得丰富些。那个绅士在说给孩子们听，棉花出了棉田以后的话。他不只说到棉线棉布，他还说到做被头和垫子用的棉花胎，医生用的药棉、棉绳和油灯芯，以及许许多多你记不清我也记不清这许多的棉制的东西。他还说，那

些破旧了的布头可以用来做纸，纸可以做书，做写信的信纸，颜色纸，裁的方方的你们用来折东西，裁得一条条的你们用来织席子，"想想看，用途多么大啊。"爸爸俯下头向两个孩子笑着。

孩子们望着那些棉花，说不出的惊异，他们呆呆地望着，望着，希望能望见有爸爸所说的那些东西自棉田里跳出来。

你们想，棉田里的棉花，听见了这故事多么的快乐呢，他们试着也和对鸟儿、阳光和风所说的一般对那绅士说道："谢谢你，好朋友，以后还望你常常来把这故事告诉点给我们听。"可是绅士不懂他们的话，他好像一点儿也不曾觉到棉花在向他说话似的。自此棉花常常相互地交谈着这故事。

小鸟儿常常一次又一次地来探访他们，和风与阳光也来，他们总是说着先前一般的故事，棉花也仍旧一般快乐地听着，自然啰，棉花是爱听人家说他们在世界上多么有用的话的，不是吗？除了这，还有什么可以更令他们欢喜的呢？

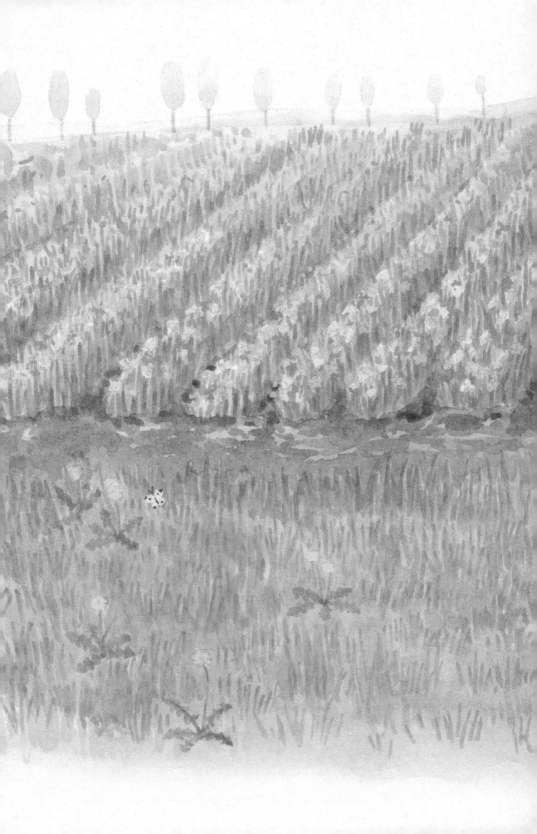

麻布

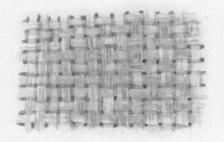

亚麻

亚麻身上盛开着花，它开的是美丽的小蓝花，好像一只蝴蝶的翅膀那样美丽，或者竟要超过它。太阳晒着它，雨洒着它，对于亚麻这好像是小孩子洗了澡，给妈妈亲吻一样的好。花儿们看起来更好了，亚麻也是这样。

"人们说我看起来很好。"亚麻说，"并且说我是细而长，可以把我做成一块美丽的布。我是多么幸运啊！这使我非常快活，这真是一桩很高兴的事，将有什么东西是由我所做成的。太阳光使我多么的欢欣，雨露是多么的甜蜜与鲜美，我的快乐笼住了我，世界上没有别的比我更快乐的了。"

"啊，是的，那是毫无疑义的。"羊齿草说，"但是你还不曾和我那样地识得世界呢。"

于是羊齿草很伤心地唱道：

"剪啦，撕啦裂啦，

啦啦，啦，

歌儿唱完啦。"

"不，它还没有完。"亚麻说。"明天太阳将照着，或者雨将一直下着。我觉得我是在生长着，我觉得我的花已经盛开，我是一切生物中最快乐的。"

一天，有几个人跑来，拉住了亚麻，把他连根拔起来，这是很痛苦的。

　　他被放入了水中，好像他们有意要把他溺毙。过后，又把他放在一个火堆旁边，好像要把他熏烤，这一切都是坏透的。"我们不能永久希望快乐的。"亚麻说，"经历过了恶劣和良好，我们才能成为最好的。"当然这里是有着很多苦头，预备着给亚麻。他被浸了，烤了，断了，梳了；真的，他被人们搅得七荤八素，到后来，他又被放上纺轮。"呼喇——呼喇"地，那纺轮转得非常之快，快得连亚麻都给弄得头昏眼暗了。"好吧，我曾经很快乐过了。"他在痛苦中想着，"我一定得满足着过去。"他就这样的保持着满足，一直到他被放上织机，织成了一块美丽的白亚麻布。那株亚麻的全身，连最后的一把梗也织在这块布上了。"这是非常之奇怪的，我真不相信我会有这许多的运气。羊齿草和它的歌词的确是不错。它说：

　　"剪啦，撕啦裂啦，

　　啦啦啦。"

　　"但是那歌是还没有完，这点我是能确定的，这还不过是刚开头呢。这是多么稀奇啊，在受尽了一切苦头之后，最后我已被做成了一样东西。我是这世界上最幸福

的——是很坚韧而又精美，并且又多么的白，多么的长啊！这东西已经和简单的一棵生着花儿的草不同了。我不须注意，我身上也没有水，除非天下了雨，现在我是被人当心照顾着了。每天早晨，姑娘跑来把我翻一个身，每晚都能从喷壶里的水中洗一个澡。是的，那牧师的夫人注意着我，并且说我是全教区里最好的一块亚麻布了。我不能不比现在更快乐了。"

过了一些时候，亚麻布被拿进了屋子，放在剪刀之下，分成几块，然后再用针来刺着。这个当然是不高兴的，但是他最终被剪成十二块布，做成了一件衣服，这衣服是每个人都要穿一袭的。"看啊，现在你们看啊！"亚麻说，"我现在已变成一件重要的东西了，这是我的命运，这完全是一种幸福。现在我将在这世界上有点用场了，好像每个人所应该的那样，这是唯一的快活的方法。我现在被分成了十二块，而这十二块在我们是整个的。这是最最出乎意外的好运。"

几年过去了，最后，亚麻布已经破得不能再并在一起了。"我们很快就完了。"各块布互相传言说，"我们很想能合在一起再久一点，但是这种不可能的事情是希望也无用的。"

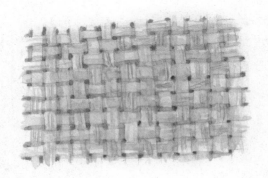

　　最后，他们变成了破烂的布片，他们想这应该是完了，但他们被撕成了细屑浸在水中，做成了一种薄浆。薄浆烤干着，他们不知道将变成什么，到后来，他们忽然觉得自己已变成一张美丽的白纸了。"啊，现在是一个奇迹，也是一个光荣的奇迹。"纸说，"我现在比任何时候都要美丽。我将要被人写字，谁能够说我将被写上一些什么样的美丽的事情呢？这真是出奇的侥幸！"

　　那是一定的，最美丽的故事和最美丽的诗将要写在他身上，这是很幸福的。于是，人们听到这些故事和诗歌被诵读着，并且使得他们更加聪明更加好，因为所写的一切都有一种好的和灵敏的意义，这纸所写的话语中还有一种很大的祝福在内。

　　"当我还只是一朵生在田里的小蓝花的时候，"纸说，"我从不曾梦想过像这样的事。我怎么能够想象得到我将来会得成为传播知识的工具，而使人们快乐呢？我自己一点儿不能知道，但事情确如这样地来了。天知道，我所不得不用我的微弱的力量做的事情，我自己是一点儿也没有做，然而我却一一地经历着快乐的尊贵。每一个时候我都想歌儿是唱完了，但总有一些什么东西，使我更高更好地重新开始了。我想现在我将要被送到全世界上去旅行，使得人们都能读到我。这是不会不如此的。真正的，这是很明白的。因为我现在比从前身上开着美丽的花的时候，有着更华美的思想写在我身上了。我比以前更快乐了。"

但是，纸并不去旅行。他被送到印书人那里，照着他身上所写着的字，排成一个个的铅字，印成一本书，或者印成几百本书。因为许多人都能从一本印好的书上得到快乐与实益，比手写本上来得多。倘然一张单纸送到世界上去跑，那么他跑不了一半路便弄得破烂了。

"这个自然是很聪明的方法，我又没有想到过。"写成的纸说，"我将留在家中，好像一位老祖父似的被这些新的书尊敬着，他们将能做得一点儿好的事情。我不能像他们那样的跑来跑去。但是写这些字的人，是在每一个字从他笔底流下来时，都注视着我的脸的。我是一切纸中最尊贵的。"

后来这纸和许多别的纸被捆成一束塞进屋角里的纸
篓里。

"经过了工作以后，应该有得休息。"纸说，"这是一
个很好的收拾思想的机会。现在我能够第一次想到我的实际
情形，知道我自己的确是在进步。我奇怪着，我以后将怎样
呢？无疑地，我仍是要向前进的。我知道得很清楚，我向来
总是进步的。"

一天，纸篓里所有的纸片都被取了出来，放在灶里预备
烧了。人们说，这些纸不能卖到南货店里去包糖或黄豆，因
为这上面已经写了字。屋子里的孩子们都立在炉灶的周围，
因为他们要看纸烧掉，他的火是很好看的，火过后还可以看
见许多红的火星，在灰中这边那边地跑着，好像风一般地快。
他们说这些火星是学校里出来的孩子，最后的一粒火星是校
长。他们等到最后的一粒火星出来时，欢呼着："校长去了！"
但是不多一刻，另一粒火星出现了，耀得非常美丽！他们是
如何地欢喜着想这些火星是到哪里去了啊！也许我们在将来
会得知道，但我们现在不知道。

全捆的纸都架在火上了，并且马上点燃着了。"啊！"
当他被烧成火焰的时候，这样叫起来。给火烧自然是不十分

快活的，但火焰把全捆的纸都着起来时，火焰升入天空里去，比在亚麻时的小蓝花，要高得多，并且要比亚麻布的光亮还要明亮。所有写着的字，一会儿都变成了红色，所有的字，所有的思想，都转成了火。

"现在我要到太阳里去了。"火焰中有一个声音在说，这声音好像有千百个回音在响着。火焰钻向烟囱里，从顶上逃出去了。有一批眼也看不见的小东西，数目多得和亚麻上的小花一样，在人们之上浮游着。他们比生出他们的花儿还要来得轻和细微。火焰完了，纸只剩了一堆黑灰，这些小东西在黑灰上舞蹈着，当他们触及的时候，便出现了光亮的红火星。

"孩子们都出了学校，校长先生是在最后。"孩子们说。这是很好玩的，他们对死灰唱着道——

"剪啦，撕啦，裂啦，

啦啦啦，

歌儿唱完啦。"

但是那些眼也瞧不见的小东西却说道："歌儿没有完呢！最美丽的还没来哩。"

但是孩子们没有听见，也不会懂得，他们也不必一定要知道，因为孩子们不必样样都要知道的。

亚麻花

呵，小小亚麻花，

生长在山上，

风儿吹或静，

它总站不稳。

它生长，生长得很快，

从前是一粒籽，

后来是小草一瓣。

只不过像是一根草苇，

最后，开放出了亚麻花，

和天色般的蔚蓝。

"这是朵精美的小花儿呢。"

人们在走过时这样地说。

啊，这是个好的小东西呢，

它之生是为了贫人，

许多许多的农夫倚着柴门，

为它祷祝殷殷。

他想着这些细瘦的麻茎，

在太阳下发光阵阵，

可以由此织成麻布，

不久就可刈取收成。

他又想着那些柔媚的花，

将产出许多种子给他收藏，

预想着明年种子开花，

一望的蔚蓝环绕他茅舍门外。

呵，小小亚麻花！

妈妈说了这样的话：

"去把羊齿杂草拔除，

只留下小小亚麻花！

它是为了孩子们而生，

为了我们自己而长。

有无数的花儿在山上，

但单独留下这亚麻！

农夫有着他的麦田，

收获了都是属于他的，

我们有这一小块亚麻地，

也是很用心地耕的。"

呵，好的亚麻花！

生长在山上，

风儿吹或静，

它总站不稳。

它的全部生命都是动，

爱好着欣欣向荣，

在它的活的茎当中，

似乎具有一颗快乐的心在跃动。

愿幸福降至这亚麻田来，

愿温柔的雨儿时相陪，

给它的茎梗以力，

它的花儿以子！

丝

蚕宝宝的一生

从前，在一株桑树的阔绿叶中，有一条小蚕宝宝，桑叶中的梗上，生着许多美丽的黄白色的桑果。这条小蚕宝宝把他的褐色的头抬上抬下地向他四周望着，他想道："不差呢！住在这地方很好！"于是他在全叶上爬了一周，爬到叶下面去了。当他爬到叶下面以后，他想要玩一点儿小把戏，因此他用前脚抓住了，前后地摇荡着，然后又向上爬去，很是快乐。

温热的夏季的风，在树叶丛中嬉戏着，相互地私语着，推荡着蚕宝宝所爬的叶子。到后来，小蚕宝宝觉得倦了，缩做一团，睡了一小会儿。因为蚕宝宝是不会一睡很久的，当他醒来时，觉得很饿。他不知道吃点什么好，他想且把他在

着的那叶子吃一口，因为叶子看来似乎很美味。他咬着时，叶的滋味很好吃，他便不断地吃着，一直把全瓣叶都吃完了。于是他便沿着茎梗走下去，找寻别的他认为好的叶子来吃，他到了那里，先蜷做一团休息后，才开始再吃。他就这样过了一些时候——吃了休息，休息了再吃——后来他生长得很大很肥胖，弄得他身上的衣服太觉紧窄了，他觉得很不舒服。自然母亲便跑来给他做了一件新衣服。这新衣服的样式和旧的一样，只不过大一点儿，他觉得很是快活。但是他是吃得这样的多，长得很快很快，自然母亲再得给他重做上两套或三套新的衣服。他开始对于穿同样的衣服、爬来爬去吃同样的食物，觉得厌烦起来。有一天，他试着吃一点儿很好看的桑果，但这桑果弄得他患起病来。

现在自然母亲看见他弄得这样烦恼了，对他说道："好孩子，你怎么了？你已不是几星期以前那样的小蚕宝宝了。怎么一回事？你要什么呢？"

蚕宝宝说道："我并不知道，但我觉得在这些叶子上爬得厌倦了！我希望我能飞去。"

"唉！"自然母亲说，"那就是你的烦恼，是不是？很好，你完全对的。我的蚕宝宝迟早都会感到这一个的，只不过你再忍耐一些时候便能飞了。"

"我飞了！"蚕宝宝说，他看着他的笨拙的身体，厚重的脚，又看看刚才他头上飞过的生着华丽翼翅的蝴蝶。他是非常的快乐，笑得几乎滚下叶子来。

"好吧。"自然母亲说，"你喜欢飞吗？"

"啊，是的。"蚕宝宝说，"我要，真的，我要飞，但是翼翅，自然母亲，我没有翼翅呀！"

"不要担心没有翼翅，小宝宝啊。"自然母亲答，"那是要我来做的了，我担任了一桩事以后，我总要把事情弄好的。"

于是她教蚕宝宝怎样抽丝，怎样拣一个好的坚实的丫枝，把他的线系在那里。蚕宝宝拿着他的丝上前退后地跑着，做成了一只好的吊床。他很是快活，想道："这真有趣，我喜欢像这样地纺着织着。"于是他做得非常勤谨，连吃也忘记

了。他纺着纺着，把丝线密密地织着，一直织得他以为天色黑暗了，还是织着织着，到停止时他已经完全在黑暗中了，但是他觉得自己是被包在丝里面，而不能跑出来了，他叫道："啊哟，亲爱的自然母亲呀！我把自己关牢了。我怎样跑出来呢？"

自然母亲说道："乖乖的蚕宝宝啊，你做得真好，快点儿休息吧。时候到了，我会来叫你起来的。"

蚕宝宝自己确实也很疲倦想睡了，他想着这事是现在最需要做的。他脱掉了他的衣服（因为他自己所编织的小摇篮里是很闷热的），丢弃在脚跟边，倒头便睡了。

每一阵吹来的风，摇荡着枝上的小摇篮，使得蚕宝宝睡得更熟更浓了。他睡了很久很久之后，给摇篮的一阵猛烈的震荡弄醒了。他在半醒中想道："大约我纺的丝线断掉了吧！"
但又来了一阵猛烈的震荡，只听得自然母亲在叫道："醒来！
醒来！这时正好出来了！"

蚕宝宝说道："我怎么样出来呢？这里黑暗得很，我在
这里太久，弄得身体也僵了。"

"掘一个洞出来得了。"自然母亲答。因此他就在头一
边做了一个圆的洞，自己从这洞里钻出来了。

"我不把这叫做飞，"他说，"我相信，我还是和以前一样，
是一条臃肿的蚕宝宝。"

"啊，不，你现在不是了。"自然母亲说。

于是蚕宝宝张大了他的眼睛，看看他的脚，不知道怎么
说才好，因为它们完全变了。他正在惊讶间，觉得身子四围
的东西愈弄愈轻了。"啊哟！"他想，"我要跌死了！"他
急忙紧紧地用脚攀住了他的小摇篮，吓得呆呆地挂在那里，
闭着眼颤抖着。再过些时，他渐渐地镇静下来。最后，他听
见自然母亲在轻轻地叫道："我的亲爱的蚕蛾！"

他张开眼来。"你不认得我了。"他说，"我是一条蚕
宝宝呢！"

但是自然母亲答道："不是，你现在不是了，你还记得吗？

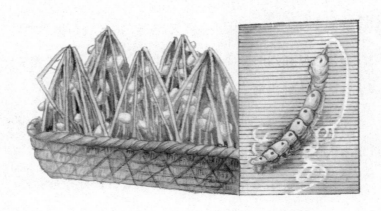

你要飞，所以你在摇篮里熟睡的时候，我把你变成一只蚕蛾了。现在你已经有了翼翅，可以飞了！"

千真万确的，他是真的有了翼翅——一对美丽的翼翅！他刚出来时，翼翅是折叠在他背上的，现在他开始展开来，前后地鼓着风，不一会儿，那对翼翅便干了，坚硬了。

于是他飞起来了，在绿色的田野里，快乐地鼓着翼飞，飞。现在他不再需要蠕蠕地爬，只吃一点儿桑叶了，他能随心所欲地飞去，从美丽的花中，吮取着花蜜。

蚕宝宝

桑树上的蚕宝宝，

给我织一件长袍。

抽的丝要坚牢与精巧，

要长又要好。

抽得长到一千倍，

你才把这工作做了。

蚕宝宝乖乖的，

把这株桑树给我变成丝线条。

一天到晚地，一日日地，

忙碌的蚕儿们纺着纺着。

有的已经完了，有的还在开始缫，

别的不想，只是纺着纺着！

好极了！丝线白如银，

光滑而又亮晶晶，

丝线纯清，

它是从桑树纺成的！

你们纺得这么快而好，

最后把它完成了。

抽了二万根长线，

比了细麻布还要细。

它的长，

可绕地球赤道一匝。

好一个变，

把桑树变成了丝线！